TRAITÉ

DU

ROSSIGNOL,

QUI ENSEIGNE

LA MANIERE DE LES CONNOÎTRE & de les élever ; leurs inclinations, leurs maladies, & les remedes qu'il faut observer pour les guerir.

A PARIS,

Chez CLAUDE PRUDHOMME, au Palais, au sixiéme Pilier de la Grand' Salle, vis-à-vis la Montée de la Cour des Aides, à la Bonne-Foy couronnée.

M. DCCVII.

AVEC PRIVILEGE DU ROY.

Tanta vox tam parvo in corpus-
culo, tam pertinax spiritus : In una
perfecta Musicæ scientia modulatus
editur sonus : omniaque tam par-
vulis in faucibus, quæ tot exquisitis
tibiarum tormentis ars hominum
excogitavit. Plin. l. 10. c. 29.

C'est une merveille de la Nature, que le Rossignol étant
un Oiseau si petit, il ait une
voix si forte, & qu'il pousse si
long-temps sans perdre haleine.
Il n'y a point de Musique si par-
faite, d'Instrumens si doux & si
harmonieux, que les hommes
ayent inventez, que cet Oiseau
n'imite par sa petite gorge.

PREFACE.

ES Vieillards qui
ont de-la peine à
fortir de la Cham-
bre, ne demandent que
des divertiſſemens inno-
cents, pour calmer les
incommoditez de leur
âge : & ſouvent ils n'en
trouvent point de plus
agreables que ceux qui
ſatisfont le ſens de l'ouïe
par le chant harmonieux

des Oiſeaux ; au moins c'eſt ce qui a eſté mon foible, & qui l'eſt encore aujourd'hui, s'il faut appeller de la ſorte l'inclination que j'ai pour le *Roſſignol* ſur la fin de ma vie. Mon état ſedentaire m'a fait conſiderer cet Oiſeau avec une telle exactitude, que je ne croi pas qu'aucune perſonne en ait parlé de la ſorte, & qui l'ait connu comme moi dans toutes ſes manieres d'agir ; parce que je l'ai examiné à fonds, & que mes in-

commoditez m'ont don-
né·le loisir d'en décou-
vrir toutes les Inclina-
tions, & tout ce que j'ai
remarqué de plus parti-
culier touchant cet Oi-
seau dans le Traité que
j'en fais.

á iij

TABLE

DES CHAPITRES
contenus en ce Livre.

Fin de la Table.

TRAITE'

TRAITÉ
DU
ROSSIGNOL,

Qui enseigne la maniere de les connoître & de les élever; leurs inclinations, leurs maladies, & les remedes qu'il faut observer pour les guerir.

CHAPITRE PREMIER.

Des Noms du Rossignol.

LES Grecs ont appellé cet Oiseau Φιλόμηλος, *Philomele* ; comme s'ils eussent voulu dire que

c'étoit celui qui entre tou[s]
aimoit le plus l'harmonie. Il[s]
l'ont encore nommé ’Aηδών
c'eſt-à-dire, un Oiſeau qui
chante par excellence. Les La-
tins l'ont appellé *Luſcinia* ou
Lucinia, parce qu'ordinairement il cherche l'ombrage &
qu'il habite les Bois & les
Forêts, qu'ils nomment *Lucus*,
ou plûtôt, *quòd canat ante
lucem*, parce qu'il chante avant
le jour. De *Luſcinia*, *Varron*
a fait ces diminutifs, *Luſciniola*,
& *Luſciola* ; comme s'il eût
voulu dire, *Luctiola* : parce
que cet Oiſeau conte lugu-
brement ſa paſſion aux Echos
des Forêts, comme *Virgile*
l'exprime par ce Vers:

Et mæſtis latè loca quæſtibus
        implet.

Ils l'ont encore nommé

Acredula, quòd acris fit ei vox, parce qu'il a une voix haute & forte; car *Acredula* eſt plûtôt le *Roffignol* que la *Fauvette :* & il faut entendre ce paſſage de *Ciceron* plûtôt du premier que du ſecond, quoy qu'en veüillent dire quelques-uns :

Et matutinos exercet Acredula
    cantus.

  Et ailleurs :

Et matutinis Acredula vocibus
    inſtat.

  Enfin, ils lui ont encore donné le nom d'*Atys*, du nom du fils de Creſus, qui devint un grand babillard comme lui; d'où vient que *Martial* nomme le Roffignol *Garrula avis,* & *Multiſona Atys.* C'eſt de *Luſciniola* que nous avons formé nôtre nom de Roffi gnol, comme si nous eussions dit d'abord *Lousciniol*. Cette étimologie est beaucoup meilleure que celle que *Belon* lui donne, qui l'appelle Rossignol à cause de sa couleur brune & rousse. C'est aussi de la même origine que les Italiens ont tiré le leur, puisqu'ils appellent cet Oiseau *Luscigniolo*, ou *Ruscignuolo*.

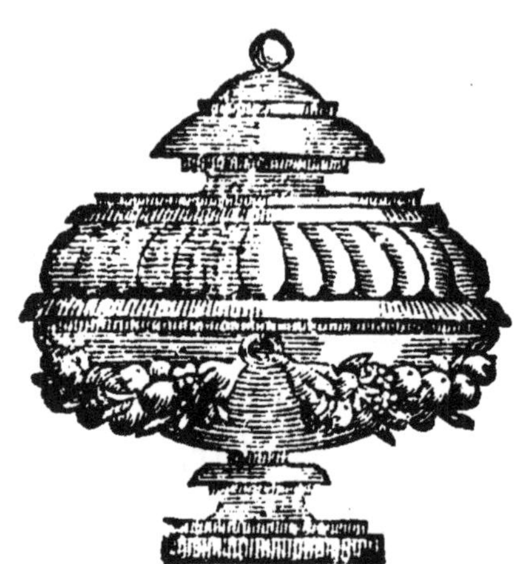

CAAPITRE II.

Combien de tems chante le Rossignol.

IL n'y a point de plaisir, ce me semble, qui surpasse celui que l'on prend à oüir un *Rossi-gnol* conter ses plaintes aux Zéphirs des Forêts. Il est un Musicien naturel : il observe tous les tons, & les conduit si bien, qu'il n'y a point d'homme qui l'égale, quelque bon Musicien qu'il soit ; puisque lui seul remplit successivement toutes les parties de la Musique. Il les distingue en Maître ; il les coupe, puis il les assemble : Il chante par semi-breves ; en-

suite il dévelope mille cro-
ches d'une seule haleine : aprés
il fait la basse, la taille, la hau-
te-contre, le faucet. Il étend
sa voix ; il la coupe en fredon-
nant ; il contrefait son chant,
en le changeant en diverses
façons ; il gazoüille en lui-
même ; enfin il se taît. Puis
il a des transports beaucoup
plus violens, quand l'Echo lui
répond : Il pousse tantôt ten-
drement, tantôt fortement :
il se fâche, il se met en co-
lere, puis il soûpire. Dans un
tems il contrefait le haut-
bois ; dans un autre la flûte &
la trompette ; & l'on en a vû
qui pour trop chanter ont
perdu la vûë & la vie : té-
moin celui que j'avois il y a
trois ans qui devint aveugle,
& qui mourut ensuite à force

de chanter jour & nuit. En
effet, c'est une chose admira-
ble, pour parler avec *Pline*,
qu'un si petit corps chante si
haut, jusques souvent à nous
entêter & à nous incommo-
der ; & que d'ailleurs il pousse
si long-tems sans prendre haleine. Il est aisé de noter le
chant du *Rossignol* ; mais il n'y
a point de si excellent Musicien au monde qui le puisse
imiter : Et on pourroit citer
ici le Distiche du Poëte ancien, qui dit : *Tu Philomela*
potes vocum discrimina mille ,
mille potes varios ipsa referre
modos ; & ensuite, *Nulla po-*
test modulis æquivalere tuis.
Quoy qu'il en soit , je croi
que l'on ne seroit pas blâmé
si l'on disoit que la Musique a
pris son origine du Rossignol.

A iiij

J'ai eu la curiosité de disse-
quer plusieurs *Reffignols*, pour
connoître la structure de leurs
poûmons & des autres parties
qui contribuent à leur voix :
J'ai trouvé leurs poûmons
rouges pâles, assujettis le long
des côtes du dos par de petites fibres, de peur que dans
la violence du chant cette
partie suspenduë ne sortît de
sa place. Je compare les soufflets des Orgues aux poûmons
de cet Oiseau ; car ces parties
sont de veritables soufflets qui
poussent le vent, dont le *Rof-*
fignol a besoin pour son harmonie.

J'ai encore observé que la
fistule du poûmon étoit divi-
sée en deux branches avant
que d'entrer dans sa substan-
ce : cette conformation fait

que ſa voix dure plus long-
tems.

J'ai encore remarqué la figure du larynx, du pharynx,
de la glote & de l'épiglote,
avec tous les muſcles qui les
accompagnent; & j'ai crû que
toutes ces parties étoient la
cauſe prochaine de la mélodie : Car j'ai obſervé que la
glote étoit bien fenduë dans
la partie ſuperieure de la fiſ-
tule, afin que l'Oiſeau pût
faire par ces parties une varieté de tons par des mouvemens differens, parce que la
glote ſe preſſant & ſe dila-
tant par l'air qui ſort des poûmons, l'Oiſeau peut ménager
dans ſa gorge le gazoüillement muſical que nous ad-
mirons ſouvent. Ainſi il ne
faut qu'avoir examiné les

tuïaux des Orgues, pour sçavoir comment le *Rossignol*
chante avec tant d'agrément
& de mesure.

Les *Rossignols* de la campagne chantent tous de la même façon, parce qu'ils ont
appris de leur pere, comme
Elian & Plutarque l'ont remarqué avant moi. Ceux que
l'on éleve ont des chants tout
differens : J'en ai vû avec des
Serins de Canaries qui chantoient mieux que les miens,
parce qu'ils avoient appris de
ces Oiseaux. J'en ai vû encore d'autres qui ont appris
à siffler étant auprés d'un
Sanfonnet ; si bien que cet
Oiseau est fort docile à apprendre divers airs, comme
est la *Linote* ; & l'on pourroit lui enseigner la flûte.

douce, ou d'autres airs, qu'il mêleroit avec ceux qui lui sont naturels : Ce qu'Aristote a remarqué il y a fort long-tems ; & ce que Pline nous rapporte * des jeunes enfans de l'Empereur, qui avoient des Rossignols, qui disoient quelques paroles Latines & Greques.

Les *Rossignols* des Bois chantent souvent depuis la fin d'A-vril jusqu'à la fin de May, & puis ils chantent quelque-fois jusques en Juillet ; leurs petits les occupant alors & ne leur permettant pas de se divertir. Ceux - là même qu'on a pris tout grands, &

* *Habebant & Cæsares juvenes Luscinias Græco atque Latino sermone dociles ; præterea meditantes in diem, & assiduè nova loquentes longiore etiam contextu. l. 10. c. 42.*

que l'on a apprivoisé cette
année ou l'autre ne chantent
que deux mois, Avril & May.
Mais ceux que l'on a élevé à
la broche commencent au
mois de Decembre, & finiſ-
ſent à la fin de May. L'a-
mour eſt la cauſe de leur mu-
ſique, comme je le dirai ailleurs. Au mois de May pendant quinze jours ils chantent jour & nuit ; & c'eſt par-
là qu'ils ſe tuent, principalement ceux que l'on a élevez ;
car ne trouvant pas dans les
cages des rafraîchiſſemens,
comme font ceux de la Campagne, ils deviennent hétiques à force de chanter. J'en
ai ſouvent mis dans des cof-
fres pour les empêcher de
chanter, & pour me laiſſer
dormir pendant la nuit ; bien

loin de dire, comme ce
Poëte ancien : *Dulcis amica
veni noctis solatia præstans.*

CHAPITRE III.

*De l'Instinct & de l'Incli-
nation du Rossignol.*

LE *Rossignol* est un Oi-
seau solitaire qui ne va
jamais en troupe, & qui ne
s'associe jamais que par amour :
Il change de païs tous les ans,
& l'on n'en voit jamais l'hyver
en France, quoi que nos Païs-
fans disent qu'il y demeure &
qu'il se change en *Russe*, que
les François appellent *Gorge-
rouge*, ou plûtôt Orengee, &
que *Gaza* nomme *Rubecula :*

mais l'experience m'a fait voir
le contraire plusieurs années
de suite.

Il vient au Printems dans
ces Contrées, & l'on peut
l'appeller justement son He-
raut, puisqu'il nous le vient an-
noncer, & puis il s'en retourne en Automne. L'on ne sçait
point la veritable cause du
changement de païs qu'il fait,
si ce n'est par conjectures, que
je déduirai ici.

1. Les uns disent qu'il passe
d'Asie ou d'Afrique en Europe, & puis d'Europe en Asie
& en Afrique par son incon-
stance naturelle.

2. Les autres croïent que
c'est pour faire son nid, & que
c'est l'amour qui le conduit
dans ces Plages Septentrionales, & qui le fait passer jus-

...ues en Angleterre, en Ir-
lande & en Ecosse pour se
multiplier.

3. Il y en a qui pensent que
c'est faute de mangeaille, &
que ne trouvant rien à manger dans les Païs du Midy, il
vient dans ceux-ci pour y
trouver de quoi se nourrir; &
puis la pâture lui manquant
ici, il s'en retourne d'où il est
venu.

4. D'autres soûtiennent
qu'il fuit les grandes chaleurs
d'Asie & d'Afrique, pour venir chercher un air moderé
en Europe, d'où il fuit ensuite les froids pour s'en re-
tourner.

5. Les autres disent que c'est
son seul Instinct qui le fait
changer de lieu.

6. D'autres pretendent que

c'eſt la Lune qui lui ſert de guide, comme fait un flambeau aux hommes & aux autres animaux qui marchent la nuit.

7. Enfin, il y en a qui ſont perſuadez qu'il ne va que dans les Contrées voiſines ſe cacher à l'abri du froid, ſe dépoüiller de ſes plumes, s'expoſer au Soleil, & revenir nous voir au Printems.

Examinons toutes ces conjectures, & voïons ſans préoccupation laquelle eſt la plus vrai ſemblable.

I. J'avoüe que cet Oiſeau eſt un des plus inconſtans qu'il y ait au monde ; il eſt toûjours inquiet & ne demeure jamais en repos : La nuit même où les autres Oiſeaux ſe repoſent, eſt un tems où il s'agite le
plus

plus ; & c'est alors qu'il vole & qu'il voïage, principale- ment pendant le clair de la Lune : car personne n'a vû venir de *Rossignol*, parce qu'il vient la nuit. Son inconstan- ce se remarque encore dans son chant & dans son boire ; car ils ne chantent pas, ni re boivent les uns comme les autres. Ceux que l'on éleve font fort differens dans leur chant, comme je l'ai remar- qué au Chapitre precedent ; & si les sauvages n'avoient ap- pris de leur pere à chanter, sans doute qu'ils ne chan- teroient pas comme eux. Pour leur façon de boire elle est aussi differente, puisque les uns boivent en mordant l'eau, comme font les Ours, & que les autres en plongeant leur bec dans l'eau, & enfuite en levant la tête en haut, font doucement couler l'eau dans leur gorge, comme font les Oifeaux à col long. Cependant, dans cette inconftance la Nature garde toûjours une regle invariable ; & il n'y a point d'animaux fi changeans que l'on n'y remarque fes ordres admirables. Cette inconftance ne fert pas peu à lui faire changer de païs ; mais ce n'en eft pas la caufe principale ; ce n'en eft au plus que l'adjuvante ou la concomitante, pour parler en termes de l'Ecole, felon qu'on l'obferve dans tous les Oifeaux paffagers.

II. Je ne croi pas que les *Roffignols* aïent tant de prévoïance que de changer de païs pour faire leurs nids ; c'eſt une vûë trop éloignée pour eux : il faudroit pour cela qu'ils raiſonnaſſent ; ce que je ne croi pas : Mais ce qui les oblige à s'accoupler dans ces Contrées, c'eſt ſans doute la rencontre qu'ils ont euë dans leur voïage : Car je penſe que dans les Forêts d'Aſie & d'Afrique ils vivent ſolitairement & s'étendent dans ces vaſtes Païs ſans chanter & ſans ſe careſſer, puiſqu'il faut donner prés d'un an à tous les jeunes Oiſeaux pour être propres à la generation ; ce que les *Roſſignols* acquiérent par leur abſence.

Il n'y a pas lieu de douter que les Oiſeaux qu'on nomme Paſſagers , comme ſont les *Hirondelles*, les *Macreuſes*,

les *Cailles*, les *Etourneaux*, les
grosses Becasses, les *Rossignols*,
&c. ne changent de lieu au
Printems & en Automne ;
puisqu'étant à Lisbone il y a
plus de quarante-six ans, plusieurs de mes amis allerent aux
Algarves à la chasse des Oiseaux qui passent en Afrique,
& qui demeurent dans le païs
quand le vent ne leur est pas
favorable. Alors on en prend
tant que l'on veut : l'on en
charge des bateaux, & l'on en
porte à Lisbone de vivans,
de rôtis, de salez & de mari-
nez. Pline confirme ce que
je dis, en ces termes : *Autores
sunt omnibus annis advolare
Iliam ex Æthiopia aves.* Il y
a des Auteurs qui disent que
les Oiseaux Passagers viennent tous les ans de l'Ethiopie

en Grece. Auſſi Belon pen-
ſe-t il qu'ils viennent des An-
tipodes, & qu'ils s'y en retournent.

III. Je ne puis croire auſſi
que ce ſoit le défaut de mangé
qui les faſſe abandonner les
païs chauds d'Aſie & d'Afrique, puiſqu'au mois de Fevrier & de Mars qu'ils paſ-
ſent en Europe, ils ne man-
quent en ces premieres Régions ni de vers, ni de mouches, non plus qu'en Europe
au mois de Septembre qu'ils
s'en vont. Cependant, en tout
païs la generation des vers &
des mouches ſe fait en certains tems, plus-tôt ou plus-
tard, ſelon l'approche du Soleil
& la diſpoſition des matieres.
Que ſi dans les Plages Septentrionales, comme en France,

il se fait des generations
vers & de mouches dans
mois d'Avril ; il s'en fera p
tôt en Grece, en Barbari
en Egypte, parce que le S
leil échaufe plus-tôt ces t
res-là que celles-ci ; ne
moins les *Rossignols* abando
nent les Régions chaudes pe
dant ce tems-la : la privati
de nourriture n'est donc
la veritable cause de le
changement de païs.

IV. Il y auroit plus d'app
rence de croire que les *Ros*
gnols fuïent les grandes ch
leurs du Midy, & les gran
froids du Septentrion, lo
qu'ils viennent, ou qu'ils s'
vont : mais le chaud au con
mencement de Mars dans
Plages Méridionales n'est p
excessif, & le froid l'est so

vent. en France, principalement à la Rochelle, & beaucoup plus à Paris à la fin de
Mars, ou au commencement
d'Avril qu'ils y arrivent. Alors
j'ai vû geler ici bien fort ; &
je me suis étonné comment le
Rossignol, qui est un Oiseau
fort délicat, pouvoit souffrir
ces froids si aigus. Au contraire le froid n'est pas vif ici,
non plus qu'à Paris, au mois
de Septembre qu'ils partent.
Ainsi, je pourrois conclure
que ce n'est ni le chaud, ni
le froid qui est la principale
cause de leur changement de
païs.

V. On pourroit dire que
nous ignorons la veritable
cause de ces changemens, &
que Dieu a mis dans les tem-
peramens de ces Oiseaux,

auſſi bien que dans ce'ui d
autres Paſſagers, un certa
inſtinct & une certaine incl
nation, de changer de lie
pour leur propre beſoin, ſan
que nous en puiſſions décou
vrir la cauſe.

VI. Il y en a qui penſen
que comme le vent eſt le guide des Hirondelles pour venir en France, ou pour s'en re-
tourner, parce qu'elles volent
toûjours contre le vent le plus
prés qu'elles peuvent, qui au
mois d'Avril vient ordinairement du Septentrion, & au
mois de Septembre du Midy :
ainſi la lumiere de la Lune
ſert de guide aux *Roſſignols*
pour changer de païs. L'on
ſçait qu'au mois de Fevrier &
de Mars, la Lune occupe les
parties Septentrionales du Zodiaque,

diaque, & qu'au mois de Septembre elle se place dans les Méridionales, quand elle communique sa lumiere à la terre. D'ailleurs, comme les Rossignols, entre tous les Oiseaux, aiment fort la lumiere & qu'ils y volent quand ils l'apperçoivent ; qui est-ce qui doutera que la lumiere de la Lune ne guide pas les *Rossignols* dans leurs voïages ? Car la Lune étant vers le Septentrion au mois de Mars, comme j'ai dit, passant même de quelques degrez le Zodiaque ; & de plus, se levant au Nord-est, & se couchant au Nord-oüest, il n'y a pas lieu de douter qu'ils ne volent vers sa lumiere, & qu'en huit ou dix jours ils ne se trouvent au lieu de leur destination.

C'eſt le ſentiment le plus vrai-
ſemblable, qui eſt appuié ſur
l'experience, qui me marque
qu'au mois de Fevrier ou de
Mars, ou au mois de Septembre, ceux qui ſont en chambre ou en cage s'impatien-
tent & ſe débatent beaucoup
alors pendant trois ou quatre
jours de la pleine Lune, &
volent contre les vitres, ou
contre le chaſſis de la cage,
le ſoir, la nuit, & le matin,
comme s'ils ſentoient alors
en eux-mêmes un je ne ſçai
quoy qui les oblige à partir
du lieu où ils ſont ; ce qu'ils
ne font pas dans un autre
tems. Et c'eſt cet inſtinct &
ce guide interne qui les fait
voler par un vent favorable
droit vers le lieu où ils deſi-
rent aller ; au lieu que les

Hirondelles volent souvent vers le lieu d'où elles vien-nent.

VII. Enfin, il y en a qui disent que les *Rossignols* ne s'en vont que dans les Con-trées voisines ; & ils raison-nent de la sorte, fondez sur l'experience des autres Oi-seaux. Que si quelques *Cail-les* demeurent dans ce païs, au lieu de s'en aller avec les autres, comme quelques-uns de mes amis m'ont assûré en avoir vû sans plumes au mois de Janvier dans les pailliers exposez au Midy dans le Ma-rais de Marans : Si quelques autres m'ont protesté qu'étant en Flandres ils ont vû sortir d'un tronc d'arbre un *Cocou* aussi sans plumes, aprés avoir mis au feu le bois où il étoit :

Et ſi encore les *Hirondelles* ſe cachent & ſe déplument pendant l'Hyver dans les trous des montagnes expoſées au Midy, au moins celles qui ſont trop foibles pour ſuivre les autres dans les Contrées chaudes, comme l'aſſûre *Pline* aprés *Ariſtote* ; ne peut-on pas bien dire que les *Roſſignols* ſe cachent auſſi pendant l'Hyver dans des Forêts épaiſſes, ou à l'abri de quelques montagnes voiſines, au lieu d'aller en Aſie, ou en Afrique ?

Cet Oiſeau eſt d'un temperament fort délicat ; ce que l'on connoît à ſes plumes, qui ne ſont pas fortement attachées à la chair, puiſque dans la cage il ſe rompt celles de la queüe & des aîles : car plus

un Oiseau est robuste, plus il
est difficile d'arracher sa plume. Il fuit encore l'ardeur
du Soleil & le froid, ne cher-
chant que les lieux temperez
& ombrageux parmi les bois
& les eaux; car l'on n'en a jamais vû où il n'y avoit pas de
bocage. Comme il est d'un
naturel fort chaud & par
consequent délicat, il cherche ordinairement les eaux,
dont il s'humecte aprés avoir
chanté : Cependant, il s'en
trouve dans les Taillis & dans
les Forêts séches, qui étant
éloignez des eaux ne se dé-
salterent que le matin par les
goutes de roſée qu'ils boivent :
Et ce sont ces *Rossignols* qui
sont les plus petits de corps,
& qui souvent valent moins
que les gros.

C iij

Au mois d'Août, tous les *Roſſignols* vieux & jeunes quittent les Bois de haute-futaie, ſoit pour chercher plus de mouches ou de vers, qu'ils trouvent en abondance auprés des haies & des buiſſons, & parmi les terres nouvellement labourées, ou pour ſe diſpoſer à partir.

Comme le *Roſſignol* eſt un Oiſeau ſolitaire, il vient tout ſeul & il s'en va de même; ainſi ils ne s'aſſemblent pas comme les *Hirondelles*, puis qu'au mois d'Avril l'on en void ici un dans une haie qui borde un bois, & demain l'on en trouve trois ou quatre. Il en eſt de même au mois de Septembre, le nombre en diminuë peu à peu.

Ce ſeroit ici le lieu de parler

du *Rossignol des Antilles*, que l'on trouve à la Martinique, qui est le seul petit Oiseau qui ramage & qui chante dans ces Isles : La Nature aïant fait present à tous les autres Oiseaux de la beauté du plumage, & à ceux de l'Europe de la mélodie. Il ressemble à nôtre *Rossignol* en quelque chose, & en quelque autre il en est different.

Premierement, il lui ressemble en couleur, parce qu'il est brun-tané ; en chant, sa musique étant égale à celle du nôtre ; en solitude, il ne souffre que lui dans un quartier, parce qu'il est un Oiseau solitaire, qui ne va jamais en troupe : Il aime l'ombrage & les eaux ; enfin il fait son nid prés de terre dans

des broſſailles, avec cette dif-
ference qu'il le couvre pour
ſe garentir des pluies ; ce que
le nôtre ne fait pas.

D'ailleurs, il eſt different
de nôtre *Roſſignol*, en ce qu'il
eſt plus petit, car il n'eſt pas
plus gros qu'une Linote ; &
quoy qu'il ſoit d'une même
couleur, il eſt pourtant veiné
de gris-clair & de gris-brun
aux deux côtez vers les premieres plumes des aîles. Il ne
chante pas ſi long-tems, &
ſon ramage melodieux n'eſt
pas ſi mêlé d'agrément & de
variation que celui du nôtre:
Enfin il ne change pas de lieu,
& ne chante pas la nuit Je
croi que l'on pourroit l'élever, ſi l'on en prenoit ſoin.

CHAPITRE IV.

Du Nid des Roßignols.

LE *Roßignol* a tout le mois d'Avril pour se reposer de son long & de son pénible voïage, & à se disposer à l'amour & à la societé. Pour cela il chante dans un quartier & attire par son harmonie plusieurs femelles, qui étant charmées par son chant y accourent en troupe , puis qu'il est vrai que * chaque animal a son jargon pour faire connoître à sa femelle qu'il est amoureux. Alors le *Roßi-*

* Εἰσὶ ᵹ ἑκάτοις τῶν ζώαν ἴδιας φω-
νὰι πρὸς τὴν ὁμιλίαν. *Aristot. l. 4. c. 9. de Hist. Animal.*

gnól en choisit une pour être
sa compagne pendant tout
l'Eté. Comme les *Rossignols*
sont des Oiseaux solitaires, il
n'y a que l'amour & l'harmonie qui les joignent ensemble : Puis les derniers jours
d'Avril, ou les premiers de
May, ils commencent à faire
leurs nid. Alors le mâle a
le soin de se choisir un quartier & de le défendre contre
les Oiseaux Passagers : car il
n'y a qu'une famille qui habite une petite contrée : un
autre *Rossignol* n'oseroit y venir sans être cruellement batu :
Ainsi, à un grand jet de pierre
à la ronde c'est le quartier
qu'habite un *Rossignol* marié.
Sa femelle pond quatre ou
cinq œufs au commencement
de May, afin que sur la fin

de ce mois, ou au commencement du suivant ses petits soient en état d'être fomentez par la chaleur du jour, & garentis du froid de la nuit.

Ils font leur nid une, deux ou trois fois l'année, plus ou moins selon que la douceur du tems le permet, ou que le froid & les vents s'y opposent ; souvent à terre au coin d'un Bois de haute-futaie, & quelquefois élevé d'un demi-pied entre des herbes touffuës soûtenuës par de petites branches d'arbrisseaux, sur le jet d'un fossé qui regarde le Levant, le Midy, ou le Couchant. Son nid est composé de feüilles d'arbres séches & de brins d'herbes, fort mal tissu. Il n'y a que la femelle qui couve, comme fait feule la femelle du *Serin de Canarie* : leurs mâles s'arrêtant à chanter tout le jour pour les divertir dans les ennuis de leurs couches. Cependant, fur les quatre ou cinq heures du foir ; le *Roffignol* femelle allant chercher à manger, le mâle va vifiter fon nid, & puis il l'accompagne dans fon repas.

Les petits font éclos au bout de dix-huit ou vingt jours ; mais fouvent il y a un œuf qui n'a pas été rendu fécond par le mâle. Pendant qu'ils nourriffent leur petits le mâle ne chante prefque point, parce qu'il eft occupé au ménage, & à joüir de la douceur de la compagnie de fa femelle qu'il aime éperdûment. Au bout de dix ou douze jours les pe-

tits font couverts de plumes;
alors on les doit fevrer pour
les élever ou avec leurs pa-
rens, ou à la broche.

CHAPITRE V.

*Comment l'on prend les
grands Rossignols, & com-
ment on les éleve.*

DÉs que les *Rossignols* font
arrivez, il faut aller à la
chatte fans perdre un feul mo-
ment, parce qu'ils ne font pas
accouplez en ce tems-là : Il
ne faut pas attendre la my-
Avril pour cela, ou au plus
le 26. de ce mois, jufques
auquel tems l'on en prend
pourtant encore. Que fi l'on

attend la fin de ce mois,
on court rifque de perdre
tous ceux que l'on prendra.
L'excés de l'amour que le
mâle porte à fa femelle vient
de fon humeur folitaire ; fi
bien que fi on le prend à la
fin d'Avril, quand il eſt marié, de douze on n'en écha-
pera pas un ; au lieu que dés
les premiers jours qu'ils arrivent on n'en perdra guéres,
& pour l'ordinaire ils vivront
prefque tous pour le divertif-
fement des hommes. Cepen-
dant, la diffection de ces Oifeaux m'a appris qu'il en mou-
roit quelques-uns par la cor-
ruption de leurs parties internes, qui ont été gâtées par la
faim , par la foif & par les
fatigues de leur voïage.

Sur la fin du mois d'Août,

Figure des Instrumens dont on se sert pour prendre les Rossigno[...]

Trebuchet dégarni.   Trapette dégarnie.

Trebuchet parfait.

Crochet avec la Cheville & le Ver. | Crochet avec la Fléche & les Eguilles.

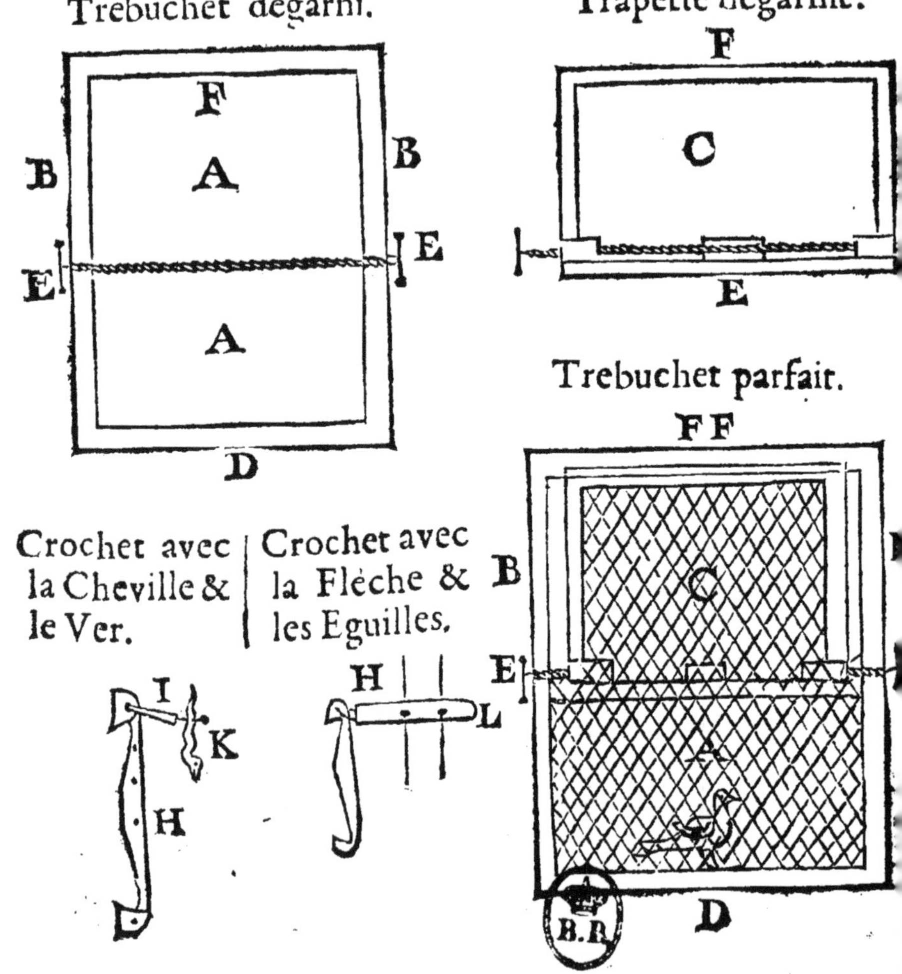

ou au commencement de Septembre que les *Rossignols* ont quitté les Forêts, & qu'ils se sont jettez dans les haïes, on en prend de jeunes qui ont oüi chanter leur pere, & qui valent mieux que ceux que l'on a élevé à la broche, qui ont chacun un chant partilier.

Explication de la Figure ci-jointe.

A, Le quarré du Trebuchet fait de noïer, dont les côtez B doivent être plus larges que les autres. C, La trapette faite aussi de noïer qui se met dans le quarré du Trebuchet à l'E, où passe une corde de brin qui lie la trapette au Trebuchet, & bande

la trapette C. Avan t que l
trapette foit bandée on la fait
aller d'un côté & d'autre. FF,
Parties du Trebuchet & de la
trapette qui doivent fe join-
dre juftement l'une à l'autre.
Le ret doit être de chanvre,
de fil fin & fort, & être attaché partie au quarre du Trebuchet en D , & partie à la
trapette en F ; puis mettant
C F de la trapette & la ren-
verfant fur le D du quarré,
le Trebuchet eft bandé par
le crochet qui l'arrête.

H, Crochet qui joint la trapette au Trebuchet & qui le
tient bandé.

I, La cheville fichée dans le
trou du crochet.

K, Le ver attaché par la
queuë avec une épingle à la
cheville du crochet.

L, La

L, La fléche garnie d'éguilles à prendre le pere & la
mere des petits *Rossignols*.

Le meilleur appas que l'on
puisse avoir pour prendre les
Rossignols est un ver de farine blanc ou noir, que l'on
perce à la queuë par une é-
pingle que l'on fiche dans la
cheville de sapin. I, On met
le crochet à la trapette & au
Trebuchet en D; si-bien que
le crochet arrête le quarré
par le bas, & la trapette par
le haut. Il y a des vers de
terre que j'appelle mille-pieds,
& que l'on trouve en Avril
dans les lieux frais au pied
des murailles exposées au Septentrion. Ceux-ci vivent plus
long-tems que ceux de farine,
& ils ne sont pas si rares que
les autres en ce tems-là. Ils

font rougeâtres, longs comme
le petit doigt & gros comme
deux ou trois épingles enſem-
ble. Leur tête & leur queuë
ne ſe diſtinguent guéres, parce qu'ils marchent des deux
côtez ; ſi ce n'eſt pourtant
qu'on apperçoit à leur tête
deux petites cornes noires.
On attache leur queuë avec
un fil que l'on lie enſuite à
la cheville I. Ils ſont en vie
preſque pendant une heure ;
au lieu que la tigne meurt
bien-tot aprés par le froid de
la ſaiſon , & par la bleſſure
que l'on lui a fait en la tra-
verſant d'une épingle. L'Oiſeau ſe jette également à ces
deux eſpeces de vers au mois
d'Avril & d'Août ; ſi ce n'eſt
que dans ce dernier mois
vous avez encore des foumis

volantes qui sont d'aussi bons attraits que les deux autres pour prendre les *Rossignols.* Mais comme au mois d'Avril on ne trouve point de tignes, on doit avoir soin d'en conserver pendant l'Hyver dans un pot, avec du son & de vieux draps gras, que l'on mettra auprés du feu. Ce sera le veritable moïen de n'en pas manquer au Printems.

Quand au mois d'Avril l'on void, ou que l'on entend chanter un *Rossignol*, on pelera vîte l'herbe au bas de l'arbre, ou prés du lieu où il est, pour y placer le Trebuchet : Puis on attendra que l'Oiseau ait achevé de chanter ; car souvent il ne descendra pas d'un arbre qu'il ne soit entierement satisfait de sa musique : Ou bien si l'Oiseau chante sur une branche basse, on le poussera doucement vers l'appas, qui étant en vie attirera promtement le *Rossignol*, qui a une vûë perçante, & qui ne trouve pas au Printems beaucoup à manger.

Quand on l'a pris, on distinguera le mâle de la femelle par les signes que je marquerai ci - aprés au Chapitre 8. afin d garder l'un & donner la volée à l'autre. Aprés cela on doit attendre un quart-d'heure, pour sçavoir si l'on entend chanter ; car si l'on n'entend rien ce sera assûrément le mâle que l'on aura entendu chanter, & que l'on aura pris ensuite.

Le *Rossignol* est le plus farouche des Oiseaux ; & com-

me il aime beaucoup sa liberté, il ne peut souffrir l'ef-
clavage de la cage, sans se
casser la tête & se débatre jufques à la mort. Pour éviter
cela, aprés qu'on l'aura pris,
on le mettra dans une poche
de grosse toile claire, pour
lui donner moïen de respirer
par les trous ; & l'on prendra bien garde de lui arracher les plumes de la queuë
& des aîles ; car si cela arri-
voit, il seroit inutile de le garder : il faudroit lui rendre sa
liberté, parce qu'il ne chan-
teroit pas ; au contraire il se
chagrineroit davantage par la
perte de son plumage, & le
chagrin l'empêcheroit de
chanter , la Nature s'em-
ploïant alors à lui produire de
nouvelles plumes, plus-tôt

qu'à lui adoucir sa servitude.
Aprés quoy on le mettra dans
une cage couverte de mousse
des trois côtez, & garnie d'u-
ne toile verte par-dessus pour
éviter qu'il ne se gâte. On
lui ôtera ensuite presque tout
le jour, par un papier blanc,
& l'on ne lui en laissera qu'autant qu'il en faudra pour voir
manger & boire. On le pla-
cera ensuite dans un lieu solitaire, & les premiers jours on
lui donnera de la viande de
bœuf, ou de mouton coupée
& pilée, où l'on aura entre-
mêlé des vers vivans pour lui
apprendre à manger seul :
Cependant, il faudra encore
lui presenter cinq ou six fois
le jour des vers vivans atta-
chez par une épingle au bout
d'un bâton, afin que par-là

il soûtienne sa vie en s'appri-
voisant à la viande : puis quand
il mangera seul des vers mê-
lez avec la viande, on les lui
coupera ; & enfin on les lui ôtera, quand il sera accoûtumé
à la viande seule, se souve-
nant toûjours de l'abequer
quelquefois le jour. On lui
donnera aussi des œufs durs
coupez menu, & de la mie
de massepain, afin de connoître par la varieté de ces alimens lequel il aimera le mieux.
Aprés quoy vous entendrez
chanter vôtre *Roßignol* six,
huit, dix ou douze jours aprés
qu'il aura été pris. Alors
on lui ôtera peu à peu le papier, & l'on y substituëra des
branches vertes d'arbres.

On doit donner la liberté
à ceux qui ne chantent point,

aprés quinze jours qu'ils commencent à manger ; nean-
moins quelquefois il y en a
de vieux qui demeurent cinq
ou six jours sans manger qui
ne chantent pas si tôt, & qui
sont pourtant fort excellens.

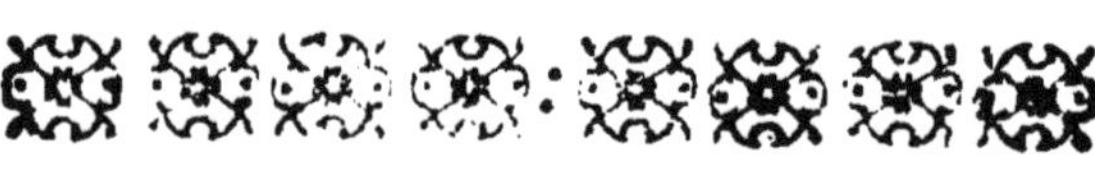

CHAPITRE VI

Comment on doit élever les Rossignols pris dans le nid à la fin de May, ou au commencement de Juin.

C'Est une peine que l'on se donne inutilement d'elever des *Rossignols* à la becquée ; car outre qu'il en réchape peu, ils donnent encore un étrange embarras à ceux

ceux qui en veulent nourrir
de la forte. J'ai trouvé un ex-
pedient à cela ; c'eft de prendre le pere & la mere, & de
les leur faire nourrir dans une
chambre. Et voici comment
je m'y fuis pris.

Aprés avoir trouvé un nid
de *Roffignol,* j'ai pelé la pelou-
fe de la largeur du Trebuchet, le plus prés que j'ai pû
du lieu où étoit le nid ; puis
j'ai fait un trou en terre pour
y placer le nid, où font les petits : enfuite j'ai mis mon Trebuchet fur le nid pour prendre le pere & la mere par le
moïen de la fléche & des é-
guilles marquées L, qui font
élevées fur les petits de deux
ou de trois travers de doigt ;
de forte que les grands Roffi-
gnols ne puiffent aller donner

E

à manger à leurs petits fans toucher à la fléche, & fans faire détendre le Trebuchet.

Aprés les avoir pris, on met les grands dans une poche de toile claire, & l'on porte le nid dans une chambre, où l'on a foin de mettre de l'eau & de la nourriture, à laquelle les grands ne touchent que le foir, ou le lendemain. Mais il faut abbequer plufieurs fois les petits le premier & le fecond jour, de-peur qu'ils ne meurent; parce que pendant ce tems-là les grands ne font pas accoûtumez à cette façon d'agir, aprés quoy ils ont foin de leurs petits; & c'eft un plaifir extrême de voir les plus farouches des Oifeaux apprivoifez par l'amour, nourrir leurs enfans avec foin.

Que si les petits sont trop grands, quand on met le nid sous le Trebuchet pour prendre le pere & la mere, ils sortent du nid, ou ils s'en élevent quand ils apperçoivent leur pere ou leur mere qui les viennent abbequer ; & alors touchant de leur tête la fléche ou les éguilles, ils font détendre le Trebuchet, & épouventent ainsi les grands, qui ne retournent plus aux embûches qu'on leur a dressées. Le remede à cela est, qu'il faut avoir un petit ret qu'on assujettira par quatre petits piquets, & qu'on tendra sur les petits qui sont dans leur nid, pour les empêcher de toucher la fléche en s'élevant, & par ce moïen de faire débander le Trebuchet.

E ij

Aprés cela on prendra aifé-
ment le pere & la mere; mais
on doit obferver que ce doit
être le matin, & jamais à la
grande chaleur, & rarement
le foir.

Si aprés avoir pris les petits, & les avoir mis en chambre avec le pere & la mere,
la mere ne les couve pas pendant la nuit, comme il arrive
fouvent les premieres nuits,
il faut mettre par-deffus une
pleine main de laine pour les
garentir du froid de la nuit,
qui eft quelquefois penetrant
dans cette faifon-là, & puis
l'ôter le lendemain matin.

Si l'on ne prend que le pere
ou la mere, alors on doit
donner la liberté à celui que
l'on a pris, parce que le chagrin qu'aura celui qui demeure,

d'avoir perdu sa compagne & sa liberté, ne prévaudra nullement à l'amour de ses petits : ainsi celui qui restera mourra avec ses enfans ; au lieu que quand ils sont tous deux ensemble, ils se consolent, & l'amour de leurs petits leur fait oublier leur esclavage.

Au bout de deux mois que les petits ont changé de plume, on choisit les mâles, selon les indices que j'en donnerai au Chapitre 8. pour les mettre en cage ; puis on donne la liberté aux femelles & à leur mere ; & l'on garde, si l'on veut, le mâle pour chanter au Printems.

Pour les petits que l'on éleve à la broche, on doit les mettre sur de la mousse ou

de la laine dans un petit pa-
nier, & les couvrir toûjours
jusques à ce qu'ils commencent à être forts. On doit
avoir soin de changer la mouf-
se ou la laine, aprés l'avoir
fait laver & secher. Leur
mangeaille sera de la farine
de gros ou de petit millet,
mêlé avec un œuf dur, & dé-
trempé avec de l'eau pour en
faire une pâte mollette : C'est
ce que j'ai toûjours pratiqué
jusqu'à ce qu'ils fussent deve-
nus grands, & qu'ils aïent
eu besoin d'un autre ali-
ment.

On doit leur donner assez
souvent trois ou quatre be-
quées consécutives, à l'imita-
tion de leur pere & de leur
mere qui les nourrissent de
la sorte. Deux mois aprés

être nez ils changent de plume, & de veinez qu'ils étoient
ils deviennent d'une seule couleur, comme les vieux : Alors
on choisit les mâles pour les
garder, & l'on donne la volée aux femelles.

C'est donc à la fin de Juillet,
ou au commencement d'Août,
que tous les *Rossignols* changent de plumes. Alors ils
sont malades , & l'on doit
les arroser de vin que l'on
jettera sur eux avec la bouche, & puis les faire secher
au soleil ou au feu. On doit
encore en ce tems-là arracher
la queuë aux vieux & aux
jeunes *Rossignols* , qui l'ont
ordinairement rompuë dans
la cage par leur agitation &
par leur délicatesse, afin qu'ils
soient agreables à voir pen-

dant tout l'Hyver. Car si on leur arrachoit la queuë dans le tems qu'ils chantent, ils cesseroient de chanter, & vous priveroient du plaisir de les oüir. Il faut donc le faire quand ils sont muets, pour agir avec la Nature qui les deplume en ce tems-là, & qui les replume ensuite pour les garentir du froid de l'Hyver.

CHAPITRE VII.

Du Manger & du Boire des Rossignols apprivoisez.

LE *Rossignol* est un Oiseau de Proie : s'il ne trouve à la campagne la curée de

vers ou de mouches, il lan_
guit, comme il fait au Prin_
tems quand il nous vient voir.
Mais comme nous n'avons
pas toûjours des mouches, ni
des vers à lui donner, nous
devons chercher une nourri_
ture proportionnée à son ali_
ment ordinaire, si nous vou_
lons le conserver. L'expe_
rience nous a fait connoître
que le cœur de mouton ou de
bœuf étoit celui qui le faisoit
vivre : mais comme pendant
les grandes chaleurs la chair
se corrompt, elle nous a mon_
tré une pâte que l'on com_
pose de la sorte. On prend
une livre de farine de pois
chiches ou de gros millet,
qu'on appelle *maiz ou bled
d'Espagne* ; puis demi-livre
d'amandes douces pelées,.

deux œufs durs blanc & jaune, un peu de safran, avec
autant de miel écumé: le tout
étant préparé & mêlé en-
semble, on le met dans une
tourtiere étamée, pour le
faire cuire à petit feu de char-
bon ; puis on le passe par le
crible pour en faire de petites dragées, que l'on fait ensuite secher doucement, &
que l'on donne aux *Rossignols*,
qui en sont fort friands.
Quelques-uns y mêlent du
beurre ; mais comme au bout
de quelques mois il fait rancir
la pâte, je croi qu'il est inutile. Pour moi je ne prends
pas tant de peine pour nourrir les miens : Je leur donne
seulement du cœur de bœuf
ou de mouton crud coupé
menu & bien pilé ; ou à leur

défaut du bœuf, du mouton,
ou du veau crud dont on se
sert pour mettre au pot.
Quand la viande me manque,
ou qu'elle se corrompt, je me
sers d'un œuf dur, blanc &
jaune, que je mets en fort petits morceaux ; ou du mass-
pain émié seul, ou mêlé avec
l'œuf en forme de pâte. Je
leur donne encore de la viande cuite qui n'ait point été
salée, des pois cuits, des pha-
seoles, du poisson, des mou-
les, des figues séches, des
amandes pelees, des bettes,
du mourron coupé menu ; enfin je les accoûtume à la varieté d'alimens, comme ils
font à la campagne.

Le matin on les nettoie, &
on change leur eau que l'on
met dans la cage ; car comme

cet Oiſeau eſt fort niais, il
mourroit peut-être de ſoif ſi
l'on la mettoit dehors : D'ailleurs, comme il eſt d'un temperament fort chaud & qu'il
aime à ſe baigner, il devien-
droit hétique ſi l'eau étoit
hors de la cage. On leur
donne enſuite à manger; &
puis quand j'ai dîné, j'ai ſoin
de voir s'il leur manque quelque choſe, pour la leur faire
donner.

Le *Roſſignol* a cela de par-
ticulier, que manquant de jabot, & n'aïant qu'un œſo-
phage fort long & fort large
qui conduit au gizier, il vo-
mit aiſément les choſes qu'il
ne peut digerer : Car cet
Oiſeau eſt tout different des
autres, qui ont une poche
qu'on nomme jabot, pour con-

ſerver les alimens, & pour ſub-
venir à leur neceſſité. Je croi
qu'ils donnent à manger à
leurs petits naiſſans, comme
font les *Pigeons* & les *Serins
des Canaries*, en dégorgeant
dans leur bec.

CHAPITRE VIII.

*Pour diſtinguer un Mâle
d'avec une Femelle.*

ON diſtingue les mâles
des femelles dans la
pluſpart des eſpeces des Oiſeaux : Il n'y a gueres que parmi les *Roſſignols* & parmi
quelques autres eſpeces d'Oiſeaux, où il eſt difficile de
les connoître. Cependant, il
n'y a que ceux qui n'ont pas

aſſez obſervé les *Roſſignol*
qui ne peuvent diſtinguer un
mâle d'une femelle. Ils n'ont
pas aſſez fait de reflexion ſur
la nature de ces Oiſeaux, &
ſur les ſignes qui les accompagnent pour en découvrir le
ſexe : Mais ceux qui s'y ſont
appliquez avec ſoin & avec
induſtrie ont reconnu qu'il
n'y avoit pas ſeulement des
marques équivoques ; mais
des ſignes manifeſtes & évi-
dens qui ne manquoient jamais à déſigner un mâle d'a-
vec une femelle. J'ai vû à
Paris, à *Padouë* & ailleurs
de fameux Oiſeliers qui manquoient de ces connoiſſances,
& qui ne ſçavoient à quoy ſe
déterminer pour en diſtinguer
le ſexe.

Cette difficulté qui leur

paroissoit insurmontable sera
tout-à-fait éclaircie, quand
je distinguerai de deux sortes
de signes, & que je dirai qu'il
y en a d'équivoques, & d'autres certains & manifestes :
Que ceux-là nous font connoître combien il y a d'in-
certitude dans les marques
que l'on nous cite pour en
distinguer le sexe ; & que
ceux-ci nous font découvrir
avec assûrance les mâles &
les femelles, pour garder ceux-
là, & pour rejetter celles-ci
comme inutiles.

ARTICLE PREMIER.

Des Signes équivoques.

1. On dit que les mâles sont
plus gras & plus grands que

les femelles : Mais comme il
y a des Roſſignols de la grande taille qui ſont nez auprés
des ruiſſeaux ; & de la petite
qui ont été élevez dans les
Bois qui manquoient d'eau ;
auſſi y a-t-il des mâles de la
grande & de la petite eſpece
qui ſont également bons :
Ainſi, on ne peut diſtinguer
le ſexe par la grandeur, ni
par la groſſeur des *Roſſi-*
gnols.

2. On dit encore que les
mâles ont les yeux grands &
bien ouverts, au lieu que les
femelles les ont petits. Mais
j'ai obſervé que les femelles
de la grande eſpece avoient
de fort grands yeux, qui éga-
loient ceux des mâles de la
petite eſpece ; & que parmi
ces derniers il y avoit des
mâles

mâles qui avoient de petits yeux, principalement quand ils étoient fort gras : ainsi ce signe est fort incertain.

3. De dire qu'une femelle est plus inquiete & plus farouche ; qu'elle saute plus dans la cage que le mâle ; qu'un mâle est plus tranquille, se tenant souvent sur un pied : Ce sont des signes si équivoques, que l'on ne sçauroit asseoir par-là un jugement assûré pour distinguer le sexe de ces Oiseaux. Il est vrai que le mâle n'est pas pour l'ordinaire si inquiet, & qu'il a plus de force d'ame & des inclinations plus moderées : Cependant, il s'en trouve qui surpassent les femelles dans ces sortes de mouvemens. J'avouë encore que les fe-

melles font plus hargneufes que les mâles, & qu'elles ne peuvent fouffrir aucuns *Roffi-gnols* fans les infulter , au moins pendant l'Hyver , & quand elles ne font pas é-chaufées par l'amour : Mais les mâles en font de même, puifqu'ils ne peuvent en fouf-frir un autre auprés d'eux fans le pourfuivre ; car com-me j'ai dit, le *Roffignol* n'eft pas un Oifeau fociable. D'ail-leurs, la femelle leve la queuë comme le mâle, & elle fau-tille comme lui, au lieu de marcher, quand elle eft dans la joie.

Tous ces fignes étant donc incertains, on ne peut con-noître par-là le fexe des *Rof-fignols.*

ARTICLE II.

Des Signes certains.

1. Le dos du bec, c'eſt-à-dire le deſſus depuis la plume juſques au bout eſt plus noir aux mâles qu'aux femelles; cependant cette marque eſt legere.

2. La varieté de la couleur dans le plumage des *Roſſignols* nous donne de veritable marques du ſexe : En effet, le mâle, generalement parlant, eſt plus brun que la femelle : mais comme il y en a qui ſont nez dans les parties Méridionales de l'Europe, qui ſont gris-obſcurs, & d'autres dans les Septentrionales qui ſont gris-blancs; il y a auſſi des mâles

qui reſſemblent en couleur à des femelles. Cette varieté vient de la chaleur du Soleil & de la Région où ils ſont nez, puiſque nous voïons que les hommes Méridionaux ſont plus bazanez que ceux du Septentrion. Ainſi, un *Roſſignol* de couleur cendrée doit être accompagné de quelque autre ſigne pour être déſigné mâle. Je puis donc dire que les mâles gris-bruns & les gris-cendrez, quoy-que differens en couleur ſur le dos, ont pourtant tous deux le ventre blanc-ſale, que la femelle a plus blanc.

D'ailleurs, les mâles ont la queuë plus touffuë que les femelles, & elle paroît plus groſſe & plus large quand ils l'etendent; car la couleur rou-

geâtre de cette partie ne di-
ftingue point le fexe, aïant
fouvent vû des femelles avec
la queuë plus rouge que celle
des mâles.

Enfin, le figne le plus cer-
tain pour choifir un mâle de
cinq ou de fix mois, eft la
couleur noire, de deux ou de
trois pinnes de plumes à chaque aîle, ou l'extrémité des
plumes des aîles de la même
couleur. J'appelle pinne la
barbe qui fort de la côte de
la plume, principalement celle
que l'on void ; car la pinne
qui eft cachée fous les grandes plumes eft de la couleur
des autres, c'eft-à dire gris.
brun, ou gris cendré : Ainfi,
cette premiere couleur eft
une marque affûrée que c'eft
un mâle. On auroit eu de

la peine à diftinguer le fexe par cette couleur-là dans le *Roffignol* blanc dont on fit prefent à Agrippine mere de l'Empereur Neron, comme Pline le rapporte.

Avant que d'avoir fait ces obfervations, j'avois été fouvent trompé par la couleur des *Roffignols*, penfant que tous les gris-cendrez étoient des femelles : Mais en aïant diffequé beaucoup j'ai connu avec certitude, par des fignes internes, que parmi les gris-blancs il y avoit des mâles, puifqu'ils avoient encore les pinnes de quelques plumes des aîles plus brunes que les autres.

3. Quand on regarde un *Roffignol* au grand jour, les jambes du mâle paroiffent rougeâ-

tres, & celles de la femelle blanchâtres. Pour cela il faut mettre la cage à la fenêtre, si-bien que le *Rossignol* soit entre vôtre œil & la grande lumiere du Soleil.

4. La marque la plus assûrée que l'on puisse avoir pour connoître un *Rossignol* mâle, c'est de l'entendre chanter ; car la femelle est muette, aussi bien que celle du Serin des Canaries : quoy qu'Aristote assûre qu'elle chante, contre l'experience de tous les jours. Alors quand vous avez pris un *Rossignol* au Trebuchet, vous êtes assûré d'avoir pris un mâle, qui chantant avant que d'être pris, ne chante plus un quart-d'heure aprés. Il en est de même de ceux que l'on a pris

en Avril & en Septembre;
leur voix nous fait voir le
fexe, & nous fait diftinguer
dans la cage le mâle d'avec
la femelle. Mais on peut encore connoître par la voix
les petits mâles que l'on abe-
que, puifqu'aprés les avoir
apâtez, ils ont accoûtumé de
fe faire diftinguer par une
groffe voix qu'ils pouffent en
chantant deux ou trois fois,
croi, *croi*, qu'ils continuent
toute leur vie, à la maniere
des grenoüilles. Alors on doit
les marquer en leur coupant
un peu de la plume fur la
tête; & environ un mois
aprés avoir été fevrez ils vous
donneront des marques affû-
rées qu'ils font mâles, par un
gazoüillement femblable à celui de la Linote; à quoy vous
ajoûterez

ajoûterez la couleur du dos plus brune que celle de la femelle. Vous en serez encore plus assûré au mois de Decembre qu'ils chanteront en musique, & qu'ils vous raviront de joie par leur mélodie, qu'ils continuëront pendant tout l'Hyver.

CHAPITRE IX.
Des Maladies des Rossignols, & des Remedes pour y subvenir.

IL y a plusieurs especes de maladies qui affligent les *Rossignols*, que je distinguerai par ordre pour mieux en découvrir les remedes.

Un *Rossignol* n'est point malade qu'on ne le reconnoisse

au silence , à l'arrangement de ses plumes mal polies, & à son air chagrin ; car comme il est naturellement inquiet quand il est sain , on connoît aisément sa maladie quand il est tranquille & mélancolique.

1.
Abscés.
Quelquefois un Abscés l'attaque au croupion, où il s'engendre du pus , qui le fait languir par son séjour. Cette maladie lui vient ordinairement de ce qu'on ne lui donne pas d'herbes à manger, qui le rafraîchissant & lâchant son ventre , s'opposent à la generation du pus. Le seul remede est de fendre l'abscés avec le ciseau, & de le presser ensuite avec le doigt ; & puis restaurer le Rossignol, en lui donnant des vers de farine , une araignée , des clo-

porte , ou quelque autre in-
secte semblable.

Quelquefois aussi la Gale le
prend à la tête , où les poux
l'inquiétent. On connoît ce
mal , lorsque les plumes de
cette partie tombent : Le remede est de les rafraîchir ,
avec des bettes , des choux ,
ou du mourron coupé menu ,
& de les arroser avec du
vin jetté par la bouche , puis
les sécher au soleil , ou au feu.
Enfin, on les oindra de beurre
ou d'huile pour remedier aux
Poux , & tous les mois on les
changera de cage.

La Goutte est un mal qui
incommode les Oiseaux dé-
licats qui n'aiment pas le
froid , comme sont les *Rossignols* : Le moïen de les en
preserver est de les mettre

2.
Gale,
Poux.

3.
Goutte.

G ij

pendant l'Hyver dans une cage bien close, & dans une chambre fort chaude.

4. Aveu-glemēt.

Les Rossignols deviennent quelquefois aveugles pour trop chanter ; car le chant desséchant leurs poûmons, & dissipant aussi les esprits dont les yeux ont besoin : ces parties deviennent obscures & enfoncées, & par-là ils perdent la vûë. Ils ne laissent pas pour cela de manger & de boire ; & la coûtume qu'ils ont acquise d'aller à leur mangeaille & à leur abbrevoir leur en fait trouver le chemin sans yeux. Il s'en est vû même qui chantoient l'année suivante beaucoup mieux que les nouveaux. Cette maladie est sans remede.

5. Mal-ca-duc.

J'en ai vû que l'on avoit

élevé avec de la ſemence de chanvre, qui tomboient du Mal-caduc & qui en ſont morts. Cette nourriture n'eſt bonne qu'aux Oiſeaux qui ont la tête forte pour reſiſter aux vapeurs narcotiques que cauſe cette ſemence ; ainſi on n'en donnera jamais aux Roſſignols, aux Sanſonnets, ni aux autres Oiſeaux qui ſont ſujets à cette maladie.

Le deſſechement du poû-mon & de tout le corps eſt une maladie qui attaque ſou-vent ces ſortes d'Oiſeaux : car comme ils ſont d'une com-plexion fort chaude & qu'ils chantent beaucoup, ils s'épui-ſent par-là & ſe deſſechent, puis ils meurent hétiques. Pour s'y oppoſer il faut avoir ſoin de les bien nourrir, &

6.
La Phti-
ſie.

G iij

de les visiter souvent pour voir s'il ne leur manque rien ; car sans doute c'est le défaut de nourriture qui les fait languir : & d'ailleurs on doit diversifier leur mangeaille pour s'opposer à ce mal.

7. Trop gras. Ils meurent encore de trop de graisse qui les étouffe : Ainsi, pour éviter ce désordre, il faut leur donner peu à manger, & leur en donner plus-tôt deux fois pendant le jour : Le matin & aprés-dîné, afin qu'ils ne s'engraissent pas trop, & qu'ensuite ils ne soient pas suffoquez.

8. Flux de Ventre. Souvent les *Rossignols* ont une grande liberté de ventre, parce qu'ils ne mangent que de la viande fraîche, comme les Oiseaux de Proie qui ont le ventre de la sorte. On remarque quelquefois du

rouge dans leurs excrémens li-
quides & des glaires épaisses.
Alors il faut avoir soin de
leur ôter l'usage de la viande & du blanc d'œuf, afin de
ne leur pas causer une dysen-
terie. Pour s'opposer à ce
mal, on doit leur donner de
la pâte, du massepain, des
jaunes d'œufs durs ; aprés
quoy l'on peut les remettre
à leur aliment ordinaire.

C'est un triste état pour un
Rossignol de n'avoir pas le
ventre libre, parce que c'est
son temperament naturel ;
car dans cet état, & dans
la liberté excessive de ventre, il secouë le cu pour se dé-
faire de ses ordures. Pour remedier à cette paresse de ventre, on lui donnera de la viande
fraîche, du sucre, des bettes, ou

Paresse de Ventre.

G iiij

des laituës coupées menu, afin de lui lâcher le ventre.

10. La Muë. Je dois mettre le changement de plumes parmi les maladies des *Rossignols* ; & quoi que j'en aie parlé ci-dessus, je ne laisserai pas d'en dire quelque chose ici, parce que c'en est le lieu. La muë est une maladie qui est comme naturelle à tous les Oiseaux : Cependant, il y en a qui en meurent , parce qu'arrivant trop tard & dans les vents froids de Septembre , & d'ailleurs étant jointe à quelque autre incommodité , les Rossignols les plus délicats en périssent. Ceux qui muënt avec succés le font ordinairement à la fin de Juillet, ou au commencement d'Août, tems fort propre pour cela :

parce que la chaleur contri-
buant à la chûte & à la rege-
neration de leurs plumes, ils
ne font pas alors en danger
de mourir par le froid. Ils
ne perdent pas toutes leurs
plumes, mais feulement quel-
ques-unes ; & celles qui ne
font pas tombées cette année
tomberont l'année prochaine. On les voit pendant la
muë manger peu , paroître
gros, triftes , tranquilles &
mélancoliques , hériffer leurs
plumes, s'ouvrir fouvent celles du ventre d'un côté &
d'autre, & fe les tirer avec
le bec en fe grattant la peau.
On doit y remedier , en ne
les expofant pas au froid du
matin & du foir , en les mettant au foleil moderé ; en leur
jettant du vin tiéde de la

bouche sur leurs plumes, &
puis en leur donnant du sucre, des vers de farine, des
araignées, des cloportes, des
herbes coupées menu, pour
les fortifier, & pour aider la
nature, qui se défaisant des
mauvaises plumes, en repare
de bonnes & de neuves, afin
de les garentir du froid de
l'Hyver à venir.

FIN

*Rerum Natura nusquam magis
quàm in minimis tota est.* Pline.

La Nature ne fait jamais
mieux éclater sa puissance que
dans les plus petites choses.

Ville de Paris, & l'autre tiers à l'Exposant, ou à ceux
qui auront droit de lui, & de tous dépens, domma-
ges & interêts ; à condition qu'il sera mis deux
Exemplaires dudit Livre dans nôtre Bibliotheque publi-
que, un en celle du Cabinet de nos Livres en nôtre
Château du Louvre, & un en celle de nôtre tres-cher
& feal le Sieur Boucherat Chevalier Chancelier de
France, avant que l'exposer en vente ; à la charge aussi
que l'impression en sera faite dans le Roïaume, &
que ledit Livre sera reïmprimé sur de beau & bon papier
& de belle impression, & ce suivant ce qui est porté par
les Reglemens faits pour la Librairie & Imprimerie les
années 1618 & 1686. enregistrez en nôtre Cour de
Parlement de Paris, à peine de nullité des Presentes,
lesquelles seront regiftrées dans le Registre de la Communauté des Imprimeurs & Libraires de nôtre bonne
Ville de Paris. Si vous mandons & enjoignons que
du contenu en icelles vous fassiez jouïr pleinement &
paisiblement l'Exposant ou ceux qui auront droit de
lui, sans souffrir qu'il leur soit fait aucun empêchement.
Voulons aussi, qu'en mettant au commencement ou à
la fin dudit Livre une Copie des Presentes ou Extrait
d'icelles, elles soient tenuës pour bien & dûëment si-
gnifiées, & que foi y soit ajoûtée, & aux Copies
collationnées par l'un de nos amez & feaux Conseillers
& Secretaires, comme à l'Original. Commandons au
premier nôtre Huissier ou Sergent sur ce requis, de faire
pour l'execution d'icelles tous Exploits, Saisies, & Actes
necessaires, sans demander autre permission ; nonobstant
clameur de Haro, Charte Normande, & Lettres à ce
contraires : CAR tel est nôtre plaisir. DONNE' à
Paris le quinziéme jour d'Octobre l'an de Grace mil
six cens quatre vingt-dix-sept, & de nôtre Regne le
cinquante-cinquiéme.

*Regiftré sur le Livre de la Communauté des Libraires
& Imprimeurs de Paris, le 22. Octobre 1697. Signé,*
P. AUBOÜYN *Sindic.*

Achevé d'imprimer pour la premiere fois le trentiéme
Octobre 1697.